◎图说种植业标准化丛书◎

总主编：黄国洋　倪治华

CHAYE
QUANCHENG BIAOZHUNHUA
CAOZUO SHOUCE

茶叶全程标准化
操作手册

主　编：俞燎远

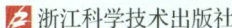

浙江科学技术出版社

图书在版编目(CIP)数据

茶叶全程标准化操作手册/俞燎远主编.—杭州:浙江科学技术出版社,2014.10(2015.6重印)
(图说种植业标准化丛书)
ISBN 978-7-5341-6289-3

Ⅰ.①茶… Ⅱ.①俞… Ⅲ.①茶叶—栽培技术—标准化—手册 Ⅳ.①S571.1-65

中国版本图书馆 CIP 数据核字(2014)第 239906 号

丛 书 名	图说种植业标准化丛书	
书 名	茶叶全程标准化操作手册	
主 编	俞燎远	

出版发行 **浙江科学技术出版社**
杭州市体育场路 347 号 邮政编码:310006
办公室电话:0571-85176593
销售部电话:0571-85176040
网 址:www.zkpress.com
E-mail:zkpress@zkpress.com

排 版	杭州大漠照排印刷有限公司		
印 刷	浙江全能工艺美术印刷有限公司		
经 销	全国各地新华书店		
开 本	787×960 1/32	印 张	3
字 数	55 000		
版 次	2014 年 10 月第 1 版		2015 年 6 月第 2 次印刷
书 号	ISBN 978-7-5341-6289-3	定 价	15.00 元

版权所有 翻印必究
(图书出现倒装、缺页等印装质量问题,本社销售部负责调换)

责任编辑	詹 喜	**责任校对**	赵 艳
责任美编	金 晖	**责任印务**	徐忠雷

《图说种植业标准化丛书》编委会

主　　任：史济锡
副 主 任：王建跃　刘嫔珺
编　　委：(按姓氏笔画排序)
　　　　　王华弟　王建伟　方丽槐　白　雪
　　　　　成灿土　朱勇军　吴宏晖　吴新民
　　　　　陈良伟　林伟坪　赵　虹　俞燎远
　　　　　钱　蔚　倪治华　徐建华　黄国洋
　　　　　童日晖　虞轶俊
总 主 编：黄国洋　倪治华
总 策 划：王建伟　虞轶俊

《茶叶全程标准化操作手册》编写人员

主　　编：俞燎远
编写人员：(按姓氏笔画排序)
　　　　　马亚平　王华建　王碧林　石春华
　　　　　卢红谓　叶火香　朱潮安　陆德彪
　　　　　陈一定　金　晶　周铁锋　胡剑光
　　　　　俞燎远　徐文武　程玉龙　赖建红

序一

种植业生产标准化是推进农业现代化的重要举措,是增强农产品市场竞争力的重要抓手。只有把种植业产前、产中、产后全过程纳入标准化轨道,才能加快种植业生产从粗放经营向集约经营转变,提高种植业科技含量和经营水平,不断完善适应现代农业要求的管理体系和服务体系,实现从农田到餐桌的全程质量控制。近年来,浙江省农业厅以粮食功能区、现代农业园区建设为主平台和主战场,修订和完善了具有浙江特色的现代农业标准体系,开展了省级主导产业全程标准化示范、整建制农业标准化示范创建等工作,大力推进农业标准化促进工程,创新发展了"一个产业标准、一张模式图、一套视频光盘、一本操作手册、一个示范园"等"五个一"的农业标准化推广机制,努力推动传统生产方式的转变,取得了显著的成效,相关工作得到了国家农业部的充分肯定。

实现种植技术标准化,推动主导产业转型升级,除了政府搞好服务外,关键还在于生产主体的科技水平提升。可喜的是,浙江省种植业标准化技术委员会顺应创新发展的时代要求,以助农增收为己任,组织省内众多种植业领域的技术权威和具有丰富实践

经验的专家,编写了《图说种植业标准化丛书》。本丛书以图说的形式荟萃了浙江省种植业发展的宝贵实践经验和最新科技成果,辅之以精心的内容编排和新颖的版面设计,突破了以往种植业科普读物的常规模式,使复杂标准流程化,高深技术通俗化,使农民群众看得懂、学得会、用得上、记得牢。本丛书的出版发行无疑将成为农民致富的又一法宝。

感谢农业科技工作者为浙江省农业迈向现代化提供了很好的精神食粮和科技支撑,并希望今后有更多、更好的成果和作品呈现给广大农民朋友。

2014 年 8 月 29 日

序二

农业标准化是现代农业的重要基石。综观国内外农业现代化发展进程,可以发现农业标准化是促进科技成果转化为农业生产力的有效途径,也是提高农产品质量安全、增强农产品市场竞争力、提升农业经济效益、增加农民收入、改变农村面貌的重要手段。近年来,浙江省推行"集成一本生产标准,编制一本操作手册,实施一批关键技术,建立一批管理制度,创建一个追溯平台,打造一个产品品牌"的农业标准化生产实施模式,把标准化示范推广与各类农业项目建设有机结合起来,推动标准化意识不断增强,标准化体系不断完善,标准化生产广泛推行,标准化水平不断提升。

《图说种植业标准化丛书》以种植业各主导产业国家标准、行业标准和省地方标准为依据,根据水稻、茶叶、杨梅、茭白等十大主导产业作物的物候期特点,首次针对性地提出了各主导产业作物的关键技术、良种推荐、肥料使用建议和病虫害防治建议等全程标准化操作技术要点,并以图说的形式进行讲解,可以使农民朋友易学、易懂、易操作。本丛书紧密联系实际,既是实践经验的总结,又是理论发展的提

升，对全面推广种植业生产标准化必将起到积极的推动作用。

本丛书由浙江省种植业各主导产业众多生产实践经验丰富的专家和技术人员编写而成，融合了近年来浙江省种植业生产的先进实践经验和最新科技成果，图文并茂，便于操作，是实现种植业标准化生产技术从理论指导走向实践应用的重要载体，也是解决农业技术推广"最后一公里"的重要手段，对推动和发展现代标准化农业、提升种植业产品质量和种植业经济效益具有重要的指导作用。

中国工程院院士 陈宗懋

2014 年 9 月 5 日

前言

茶叶是浙江农业的传统优势产业和山区半山区农民脱贫致富奔小康的支柱产业。浙江省现有茶园面积18万公顷,年产量17万吨,年产值110亿元。

当前,浙江茶叶产业转型升级的发展目标是围绕"巩固优势地位、提升发展水平、促进提质增收"要求,充分发挥浙江茶叶产业资源和区域比较优势,创新发展理念和体制机制,强化政策扶持、市场引导、品质提升、科技支撑、主体培育、品牌引领和文化促进,努力构建现代茶产业体系和促进全产业链发展,推动茶产业发展方式从"外延扩张"向"内涵提升"转变,推进茶产业、茶经济和茶文化协调发展。

为加快推进茶叶产业转型升级,我们紧密结合茶叶生产实际,组织编写了《茶叶全程标准化操作手册》一书,重点突出了茶叶全程标准化生产技术的实际操作要点。本书共七个部分,第一部分为基础知识,第二部分为生产管理年历,第三部分为主要农事管理,第四部分为主推茶树良种,第五部分为肥料使用建议,第六部分为病虫害防治建议,第七部分为茶叶加工技术,图文并茂地阐述了茶叶基础知识、农事管理、肥培管理、病虫害防治、茶叶加工等提质增效实

用技术。

　　本书在编写上力求科学性、实用性、先进性和可操作性兼具,文字通俗易懂,图片清晰直观,适宜茶叶科技干部、茶叶技术推广人员、农村科技示范户、专业大户和农民专业合作社社员以及茶场、茶厂技术人员结合当地实际情况选择应用。

　　茶叶全程标准化生产技术既是一项系统工程,涉及茶叶产前、产中和产后环节,又是一个动态工程,需要在实践中不断提高完善。由于编者水平有限,加之编写时间仓促,不足之处在所难免,敬请广大读者提出意见建议,以利今后修订和完善。

编者
2014年10月

目录

一、基础知识 / 1

二、生产管理年历 / 3

三、主要农事管理 / 7

（一）休眠期（春茶前） …………… 7

（二）春茶生产期 …………………… 10

（三）夏茶生产期 …………………… 16

（四）秋茶生产期 …………………… 19

（五）休眠期（秋茶后） …………… 23

四、主推茶树良种 / 29

（一）龙井 43 ………………………… 30

（二）龙井长叶 ……………………… 31

（三）迎霜 …………………………… 32

（四）嘉茗 1 号（乌牛早） ………… 33

（五）浙农 117 ……………………… 34

（六）翠峰 …………………………… 35

（七）白叶 1 号（安吉白茶） ……… 36

（八）中茶 108 ……………………… 37

（九）中茶 302 ……………………… 38

（十）春雨一号 ……………………… 39

五、肥料使用建议 /40

六、病虫害防治建议 /41

（一）防治原则 ········ 41

（二）绿色防控技术 ········ 41

（三）主要病虫为害症状及防治要点 ········ 43

七、茶叶加工技术 /51

（一）扁形茶加工 ········ 51

（二）针形茶加工 ········ 58

（三）卷曲形茶加工 ········ 62

（四）白叶类茶加工 ········ 67

（五）香茶加工 ········ 70

（六）工夫红茶加工 ········ 75

附录 /80

（一）茶园主要病虫防治月历 ········ 80

（二）茶园建议使用农药及安全间隔期 ········ 81

（三）茶园禁止使用的农药 ········ 83

主要参考文献 /84

一、基础知识

茶树是一种多年生常绿木本植物,树龄可达一二百年,有效生产期长达40~50年,肥培管理好的茶树生产期更长。

茶树生长最适宜的气候条件是年平均温度在13℃以上,活动积温3500℃以上,大气湿度80%~90%,年降水量1500毫米左右,生长期间月降水量达到100毫米以上。

茶树喜酸性土壤,pH4.0~5.5的砂质黏壤土最适合茶树生长。土壤要求肥沃,有机质含量不低于1.5%。土层深厚对茶树生长有利,一般要求土层深度超过80厘米以上。

选用茶树品种时,应了解品种的特性,如发芽迟早、芽头大小、适制茶类、抗寒性、抗旱性、抗病虫性等。浙江省的主要推广茶树良种有龙井43、龙井长叶、浙农117、迎霜、翠峰、嘉茗1号、白叶1号、春雨一号、中茶108、中茶302等。

茶园病虫害防治应坚持"预防为主、综合防治"的方针,合理选用农业防治、物理防治和生物防治,提倡采用诱虫灯、粘虫板等措施。根据病虫害发生的经济阈值,适时开展化学防治,优先使用生物源和矿物源等高效低毒低残留农药,严格控制安全间隔期、施药量和施药次数。

茶叶产品种类繁多,加工工艺各具特色。根据制茶工艺不同可分成绿茶、红茶、青茶(乌龙茶)、白茶、黄茶、黑茶等六大基本茶类。浙江省具代表性的茶叶产品有扁形的龙井茶,针形的绿剑茶、开化龙顶、武阳春雨,卷曲形的羊岩勾青,白叶类的安吉白茶,浙江香茶,工夫红茶等名优茶以及炒青、珠茶、眉茶、蒸青茶等大宗茶。

扁形茶

针形茶

卷曲形茶

白叶类茶

香茶

工夫红茶

二、生产管理年历

1月

茶园防寒抗冻；清理、整修沟渠道路；购置、安装、修理茶叶加工机械。

2月

新开发茶园定型修剪；茶园防寒抗冻；茶苗移栽、补缺；施春茶追肥（催芽肥）。

3月

预防"倒春寒"危害；组织采茶工采摘、加工春茶。

4月

采摘、加工春茶；开展病虫害测报；绿肥刈割压青。

5月

采摘、加工春茶；防治病虫害；春茶结束后及时进行轻修剪、深修剪、重修剪或台刈；5月下旬施夏茶追肥。

6月

防治病虫害；采摘、加工夏茶；茶园除草。

7月

保水抗旱，幼龄茶园抗旱保苗；采摘加工夏茶；防治病虫害；夏茶采摘结束后施秋茶追肥。

8月

采摘、加工秋茶;防治病虫害;扦插育苗;保水抗旱,幼龄茶园抗旱保苗。

9月

扦插育苗;采摘、加工秋茶;防治病虫害;轻修剪或打顶;播施冬季绿肥。

10月

采摘、加工秋茶;扦插育苗;茶园深耕施基肥。

11月

茶苗移栽;开发新茶园;茶园深耕施基肥;封园管理;建设茶厂,整修、保养茶机。

12月

建设茶厂,整修茶机;茶园防寒抗冻;清理、整修道路沟渠;开展茶叶生产技术培训。

三、主要农事管理

茶树一年中,根、茎、叶、花、果依自身的生育规律生长,同时随着环境条件的周期性变化,表现在不同的季节里,进行萌芽发枝、新梢生长、开花结实等不同的生命活动。为便于生产管理,茶树年生育周期可分为休眠期(秋茶后至春茶前)、春茶生长期、夏茶生长期和秋茶生长期。

(一) 休眠期(春茶前)

休眠期(春茶前,1~2月)的管理要点如下:

1. 抗寒防冻

一般可在根际覆盖稻草、杂草、农作物秸秆等,如果气温低于0℃并伴有西北风,宜在茶树冠面再覆盖稻草或遮阳网等进行抗寒防冻。

稻草防冻

2. 茶苗移栽

根据劳力和天气情况,可选择在2月中下旬进行茶苗移栽。每亩移栽茶苗4000~5000株。

茶苗移栽

3. 整修沟渠

清挖沟渠、蓄水池,修整茶园道路,修固茶园梯坎和整理梯面,排水保墒。

整修沟渠

4. 茶机添置

春茶前要做好茶厂机械配置、茶机维修、备足燃料及厂房清洁等工作,确保茶叶加工场所环境卫生符合要求,防止茶叶在炒制过程中受到污染。

茶机设备

5. 茶树修剪

2月底至3月初进行幼龄茶树定型修剪,在定剪基础上打顶留养,快速培养丰产树冠。修剪方法:第一次定型修剪在茶苗移栽定植时进行,离地15～20厘米剪去主枝;第二次定型修剪在茶苗栽后第二年,一般在离地30～40厘米处剪平;第三次定型修剪在栽后第三年进行,离地45～50厘米剪去,春茶辅以留二叶打顶采摘。

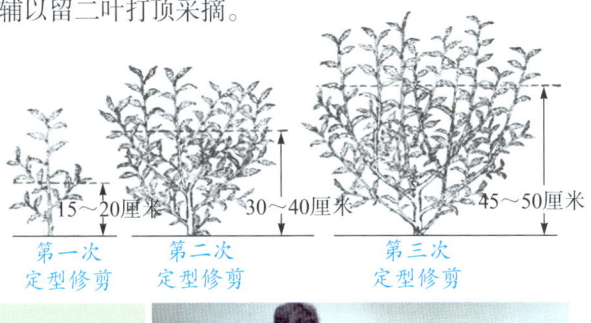

茶树修剪

6. 施催芽肥

春茶前通过浅耕施催芽肥,铲除杂草,疏松土壤,提高土温,促进春茶早发。浅耕时间一般在2月底至3月初进行。选择以尿素为主的速效氮肥作为春茶催芽肥，每亩施尿素20千克左右。

浅耕施肥

(二) 春茶生产期

春茶生产期(3～5月)的管理要点如下：

1. 适时开采

春茶产量一般占全年总产量的60%以上，是一年中名优茶生产的关键季节，自然品质最佳，经济效益最好。根据茶树早采早发、迟采迟发、多采多发的特性，为了多采高档名优茶，可适时偏早开园，当茶树有10%左右的芽叶达到采摘标准时即可开园采茶。

茶芽

人工采摘

2. 预防"倒春寒"

"倒春寒"对春茶危害重大,预防工作特别重要。

(1)及时关注天气预报,尽早做好预防准备。

(2)稻草覆盖防霜。在低温寒潮来临之前用稻草、杂草覆盖蓬面和茶行地面,铺草量每亩1500千克以上,以不露蓬面为宜。

稻草覆盖

(3)遮阳网覆盖防霜。在低温寒潮来临之前用遮阳网、地膜等覆盖茶行和蓬面。

遮阳网覆盖

熏烟防霜

（4）熏烟防霜。晚霜来临之前,气温降至2℃左右时进行,根据风向、地势、面积设堆点火(可用木屑、干草、泥土等堆成),使烟雾弥漫,减少夜间辐射散热,使茶园小气候的温度上升,预防晚霜对茶园的危害。

（5）风扇防霜。在茶园中装设风扇,采取送风法。利用早春时节离地6～8米气温比茶蓬气温高3～5℃的气象学原理,当风扇探头检测到茶园内茶丛顶部的空气层温度低于4℃以下时,自动启动风扇,将高空相对较暖的空气吹向茶丛,减轻晚霜冻害。

防霜扇

（6）喷灌洗霜。有水源及喷灌设备的茶园,可利用这些设备喷水洗霜。当晚霜危害时,进行喷水,把附着在茶树芽叶上的霜洗去,使茶树的芽叶温度维持在0℃以上,可减轻晚霜冻害。

茶园喷灌

（7）防护林防霜。开发新茶园时,在茶园迎风口或道路两边栽植桂花树、红豆杉等,建立防护林带,能提高茶苗移栽成活率和减轻幼龄茶园霜冻危害。

防护林带

(8)间作套种防霜。茶园套种柿树、杨梅树、银杏树、香榧树等经济林,形成茶园小气候,可以有效减轻或防止晚霜冻害。

间作套种

(9)及时采摘。对已萌发茶芽,在晚霜冻害来临前,及时组织人员上山采茶,尽可能将已萌发的芽叶采摘下山,减少损失。

及时采摘

3. 及时修剪

成龄茶园在春茶结束后应及时修剪,修剪程度根据茶树生长势强弱和衰老程度不同,选择轻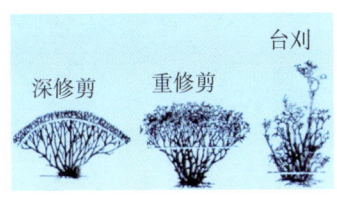
修剪、深修剪、重修剪或台刈等不同修剪方法,并结合施肥补充养分以恢复树势。

单人修剪

4. 浅耕施肥

一般在5月下旬至6月上旬进行。此时气温较高,降雨量较多。经春茶采摘后,茶园土壤板结,雨水不易渗透。夏季杂草开始萌发生长,此时浅耕可提高土壤保水蓄水能力,减少夏季杂草的滋生。浅耕的同时配施夏茶追肥,每亩施尿素10千克左右。

浅耕施肥

(三) 夏茶生产期

夏茶生产期(6~7月)的管理要点如下：

1. 及时采摘

夏季气温高，芽叶易老化，应立足当地茶园气候特点和市场行情，及时采摘，随采随运，勤采多制。有条件的茶场宜推广机械化采摘。

优质茶机采

2. 防治病虫害

夏季是茶园病虫害高发期，应重点防治假眼小绿叶蝉、黑刺粉虱、茶毛虫、茶尺蠖和茶橙瘿螨等病虫为害，采取物理防治(如色板)、化学防治与生物防治相结合的防治办法，把病虫害控制在经济阈值允许水平以内。

茶园色板

化学防治

3. 保水抗旱

夏季高温干旱,茶园土壤含水量低,应适时开展茶园保水抗旱,方法有:开筑蓄水沟池,修建排灌水系统,建立沟灌、喷灌、滴灌等设施。

茶园喷灌

4. 行间铺草

行间铺草

茶园行间铺草有利于减少茶园径流,增加蓄水效果。特别是新建茶园,茶苗幼小,根系不发达,易受旱灾死亡造成缺株断垄,要及时修好排灌沟。最有效的办法是做到全园铺草覆盖,确保早成园、早投产。

5. 浅耕施肥

茶园经过多次采摘后,土壤表层较坚实,同时,夏季茶园杂草生长旺盛,种类多,所以夏茶后应结合秋茶追肥进行一次浅耕锄草。秋茶追肥以速效肥为主,一般成龄茶园每亩施尿素10千克左右,以增加秋茶产量。

浅耕

施肥

6. 扦插育苗

夏季雨水较多、地温较高,适宜通过地膜覆盖和遮阳网遮阴进行茶树短穗扦插育苗。苗圃土壤要求呈酸性,pH在4.5～5.5之间,肥力中等以上,土层厚度40厘米左右。从枝穗上剪取含有一个腋芽、一片真叶、一个节间("三个一")的插穗,长3～4厘米,切口呈45°较好,叶柄上端留2～3毫米。扦插行距为7～10厘米,株距以叶片互不遮叠为原则,一般每亩扦插20万～25万个插穗。

扦插

苗圃

(四) 秋茶生产期

秋茶生产期（8～10月）的管理要点如下：

1. 分批勤采

秋季气温较高，芽叶易老化，应及时、分批勤采，随采随运，勤采多制秋芽茶、秋龙井、秋毛峰等高档秋茶，提高名优秋茶的比重。香茶等优质茶适宜使用机械化采摘及加工。

茶树机采

2. 防治病虫害

秋季是假眼小绿叶蝉、茶橙瘿螨等病虫为害较重的时期,应积极采取杀虫灯以及黄板、绿板诱杀等绿色防控办法,加强病虫害防治。

太阳能杀虫灯

信息素绿板

3. 种植绿肥

为了增强幼龄茶苗抗旱防冻能力,增加土壤有机质,可在茶园大行间套种秋冬季绿肥,到次年4月上旬压青。冬绿肥主要种植豆科作物,如豌豆、肥田萝卜、蚕豆、紫云英等,可结合秋末茶园锄草深耕,在9月下旬至10月上旬播种。

间种绿肥

4. 茶园深耕

茶树经过春、夏、秋三个季节的生长和采摘,树体已消耗了大量的养分,行间土壤也变得板结。秋季深翻有利于疏松土壤,改善土壤的理化性状,促进茶树根系的生长发育和土壤的通透性,对恢复

深翻土壤

茶树生机十分重要。深翻一般在每年10月初至11月上旬进行,深度15～20厘米,过深易伤根系,影响茶树的正常生长。

5. 重施基肥

结合茶园深耕,重施基肥,有助于来年春茶生长旺盛,而且叶片厚,品质佳,单产明显提高。基肥应以有机肥为主,每亩施腐熟的有机肥1500千克或饼肥150千克或商品有机肥300千克,施N：P_2O_5：K_2O配比22：7：13的配方肥40千克左右。施后应覆土,以防肥料流失。对梯级茶园,肥料应施在梯级内侧。基肥一般在11月上旬前施完,最迟不能超过11月底。

施肥

覆土

6. 扦插育苗

秋季是茶树短穗扦插育苗的适宜季节。应根据发展新茶园和改造老茶园所需的良种数量和品种要求，及时开展短穗扦插育苗。

扦插育苗

(五) 休眠期（秋茶后）

休眠期（秋茶后，11～12月）的管理要点如下：

1. 及时修剪

茶树冬季修剪是保障春茶优质高产的重要技术环节，注意因地制宜，对生长旺盛的茶树剪去蓬面突出部分，达到树冠面平整。对于有较多细弱枝、鸡爪枝，产量开始下降的茶园，应进行深修剪，剪除离树冠面10～15厘米的枝条,并将全部鸡爪枝剪掉,以利于来年发芽肥壮整齐。对于树势已呈衰弱、生产水平严重下降的老茶园,应采用重修剪,剪除离地30～40厘米以上部分枝条,促使茶树树冠尽快恢复生产能力,冬季修剪应在11月底前完成。只采一季春茶的茶园,不宜冬季修剪,以免影响春茶萌发和产量。

机械修剪

2. 尽早封园

茶树行间杂草及枯枝落叶是害虫、病菌隐藏的地方,及时进行清园有利于减少茶园内越冬病虫的基数。茶树越冬病虫主要有假眼小绿叶蝉、茶尺蠖、茶

封园

毛虫及蚧类、螨类等。可用石硫合剂进行防治。喷药时要将茶丛上下、内外及叶片正面、背面都喷到,地面的杂草及蓬内的枝条也要喷及,以提高防治效果。封园工作要在11月底前完成。

3. 茶园防冻

在寒潮来临之前,要及时做好翻耕培土、施肥和行间铺草等工作。在茶园行间多施一些牛栏粪、焦泥灰、磷钾肥等肥料有利于提高土温。施肥后应及时进行培土。在茶树基部培8～10厘米厚的新土层,以防根系外露造成冻害。水土流失严重的梯级茶园,更要做好培土工作。培土后可就地取材,利用柴草、稻草等铺盖茶树行间及根部,提高土壤温度,保持土壤湿度。在寒潮来临前,还可用稻草、杂草或薄膜等进行蓬面覆盖,开春后及时揭去覆盖物,达到防止茶树受冻,促进茶树春季早发芽、发壮芽,实现春茶优质高产的目的。

覆盖防冻

4. 开发新茶园

新建茶园土壤要有适宜的酸碱度,最适宜的茶园土壤pH在4.0～5.5之间;土层深度超过80厘米以上;宜选择25°以下的山坡地或丘陵缓坡建园,以坡度3°～15°最为合适。新建茶园规划应以水土保持为中心,实行山、水、林、路综合配置,茶、林、农、牧区合理布局,路旁设沟,园周植树,以形成良好的生态环境。

新开发荒山

新发展茶园

5. 茶苗移栽

茶苗适宜栽植时间为10月下旬至12月上旬、2月中下旬至3月上旬,具体可根据天气与劳力情况灵活安排。一般情况下,11月初如天气不旱,土壤较湿润,可选择此时栽植,以利于生根成活。茶苗移栽通常使用双行密植和凹沟深栽的方法。

新移栽茶园

6. 建设茶厂

茶叶加工厂应选择建立在地势开阔、干燥,交通便利、鲜叶运送方便,空气清新、远离污染源的地方。茶厂面积和茶叶机械配备以满足茶叶加工要求为度。提倡建设连续化自动化生产流水线。茶叶加工场所和设备应符合食品生产条件的要求。

茶厂厂房

茶机设备

连续化自动化生产线

四、主推茶树良种

浙江省现有无性系良种茶园13万公顷,良种化率达70%。目前的主推茶树良种有龙井43、龙井长叶、迎霜、翠峰、嘉茗1号(乌牛早)、白叶1号(安吉白茶)、浙农117、中茶108、中茶302、春雨一号等。这些主推品种茶园约9万公顷,占全省无性系良种茶园的70%。

不同的茶树良种有各自的优缺点,在选用茶树良种时,应充分了解良种的特性,如发芽迟早、芽头大小、对土壤及气候的要求、抗逆性、适制茶类等,选用适合当地种植的优良品种,同时应注意早、中、晚生品种的合理搭配。

品种资源圃

(一) 龙井43

发芽早,春芽萌发期一般在3月上、中旬,一芽三叶盛期在4月中旬;发芽密度高,育芽力特强,芽叶短壮,茸毛少,叶色绿,产量高,抗寒性强,但抗旱性稍弱,持嫩性较差。适制绿茶,特别适制扁形茶。

龙井43新梢

龙井43茶园

(二) 龙井长叶

发芽早,春芽萌发期一般在3月中旬,3月底可采一芽一叶,一芽三叶盛期在4月中旬左右;发芽密度较高,育芽能力强,芽叶黄绿色,茸毛较少,持嫩性好,抗旱、抗寒性强,适应性广,产量高。适制绿茶,特别适制扁形茶。该品种与龙井43相比,其持嫩性好,氨基酸含量高,更具有品质优良的特点。

龙井长叶新梢

龙井长叶茶园

(三) 迎霜

发芽早,春芽萌发期一般在3月上、中旬,一芽三叶盛期在4月中旬;发芽密度中等,育芽能力强,茸毛中等,芽叶黄绿色,生长期长,持嫩性强,产量高。适制性广,红、绿茶兼制,适制名优绿茶。

迎霜新梢

迎霜茶园

（四）嘉茗1号（乌牛早）

发芽特早，春芽萌发期一般在2月下旬至3月上旬，一芽三叶盛期在3月下旬；发芽整齐，芽叶密度较高，芽叶肥壮，茸毛少，持嫩性较强，抗逆性较好，产量尚高。适制绿茶，尤其适制扁形类名优茶，但此品种易遭受3月初"倒春寒"危害。

嘉茗1号新梢

嘉茗1号茶园

（五）浙农117

发芽尚早,春芽萌发期一般在3月中旬,一芽一叶盛期在3月下旬至4月初;芽绿色,茸毛中等,芽叶生育力强,产量较高,适制绿茶、红茶。制扁形茶,外形扁平光滑,香高鲜,味鲜醇爽口;制红茶,香高带甜香,味鲜浓强。抗寒性强,特别对抵抗晚霜危害表现较强。

浙农117新梢

浙农117茶园

(六) 翠峰

发芽尚早,春芽萌发期一般在3月中、下旬,一芽三叶盛期在4月中旬;发芽密度高,育芽力较强,其芽叶较肥壮,茸毛较多,色翠绿,持嫩性一般,抗性强,产量高。适制绿茶,尤其适制毛峰类名茶。

翠峰新梢

翠峰茶园

(七) 白叶1号（安吉白茶）

发芽期中，浙北茶区一般是3月下旬，一芽二叶盛期在4月中旬。此时，新梢呈白色，但成叶和夏、秋季新梢呈浅绿色，分枝和发芽密度中等，育芽能力较强，抗逆性弱。适制名优绿茶，制作的绿茶具有滋味鲜爽，香气清高、叶底玉白的品质特征。

白叶1号新梢

白叶1号茶园

(八) 中茶108

发芽特早,春芽萌发期一般在3月上、中旬,一芽一叶盛期在3月中、下旬;芽叶黄绿色,茸毛较少,育芽能力强,产量高,抗逆性较强。适制龙井、烘青等名优绿茶。

中茶108新梢

中茶108茶园

(九) 中茶302

灌木型、中叶类，属早生种；树姿半开张，分枝较密；叶片稍上斜状着生，叶片椭圆形，叶面微隆起，叶身稍内折；叶黄绿色，芽叶绿黄色，茸毛中等。适制绿茶，尤其是名优绿茶。生长势旺盛，适应性强，宜采用单行双株条植。需分批及时嫩采，连续采摘数年后，蓬面需轻剪整枝。

中茶302新梢

中茶302茶园

(十) 春雨一号

特早生,灌木型,中叶类,高产,绿茶品质优,耐寒性较强。在浙中气候条件下,3月上旬可采制名优茶。耐采性好,芽叶持嫩性强,产量高。适制针形、扁形和毛峰形绿茶,外形绿润显毫,香气清高,滋味醇爽,品质优。适应性强,早春要防止"倒春寒"危害。易罹生假眼小绿叶蝉。

春雨一号新梢

春雨一号茶园

五、肥料使用建议

茶园施肥除了满足茶树生长所需的养分外,更应讲究施肥的经济效益,遵循平衡施肥原则,防止茶园缺肥和过量施肥。即根据茶园土壤的理化性质、茶树长势、预计产量、制茶类型和气候等条件,确定合理的肥料种类、数量和施肥时间,达到节约用肥、提高肥效、减少流失、改良土壤的目的。

肥料使用建议	
氮磷钾比例	氮(N):磷(P_2O_5):钾(K_2O)为1:(0.15～0.25):0.25
氮磷钾总量	氮(N)20～30千克/亩,磷(P_2O_5)3～6千克/亩,钾(K_2O)5～7.5千克/亩
基肥	以有机肥为主,结合秋冬季深翻施用,每亩施腐熟的有机肥1500千克或饼肥150千克或商品有机肥300千克,施N:P_2O_5:K_2O配比22:7:13的配方肥40千克左右
春茶追肥（催芽肥）	在春茶开采前20～30天施入,每亩施尿素20千克左右
夏茶追肥	春茶结束夏茶开始生长之前施入(5月下旬),每亩施尿素10千克左右
秋茶追肥	夏茶结束之后施入(7月中、下旬),每亩施尿素10千克左右
施肥方法	沿树冠垂直下条状沟施肥;追肥沟深10厘米,基肥沟深20～25厘米,施用后覆土

六、病虫害防治建议

(一) 防治原则

遵循"预防为主,综合防治"方针,从整个茶园生态系统出发,综合运用各种防治措施,创造能抑制病虫草害等有害生物的滋生和有利于各类天敌繁衍的环境条件,保持茶园生态系统的平衡和生物的多样性。优先使用农业防治、物理防治、生物防治,当病虫害超过防治指标时,科学合理进行化学防治。提倡使用生物源、矿物源及脂溶性高效低毒低残留农药,严格控制施药量、施药次数和安全间隔期。

(二) 绿色防控技术

防治方法	具体措施	控制茶园病虫的种类
农业防治	分批多次采摘	叶蝉类(卵)、茶叶螨类、卷叶蛾类(幼虫)
	茶园修剪	叶蝉类(卵)、茶叶螨类、卷叶蛾类(幼虫、蛹)、介壳虫类
	耕锄培土	尺蠖类(蛹)、毒蛾类(蛹)、刺蛾类(蛹)、象甲类(幼虫、卵、蛹)、叶病类
	清园疏枝	粉虱类、毒蛾类、刺蛾类(茧、蛹)、叶病类

续表

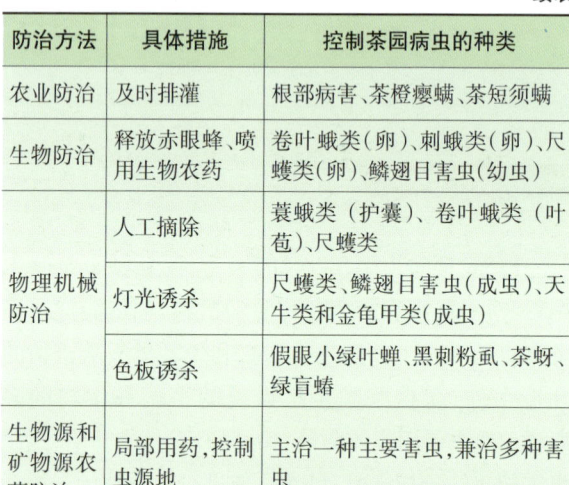

防治方法	具体措施	控制茶园病虫的种类
农业防治	及时排灌	根部病害、茶橙瘿螨、茶短须螨
生物防治	释放赤眼蜂、喷用生物农药	卷叶蛾类(卵)、刺蛾类(卵)、尺蠖类(卵)、鳞翅目害虫(幼虫)
物理机械防治	人工摘除	蓑蛾类(护囊)、卷叶蛾类(叶苞)、尺蠖类
	灯光诱杀	尺蠖类、鳞翅目害虫(成虫)、天牛类和金龟甲类(成虫)
	色板诱杀	假眼小绿叶蝉、黑刺粉虱、茶蚜、绿盲蝽
生物源和矿物源农药防治	局部用药,控制虫源地	主治一种主要害虫,兼治多种害虫

灯光诱杀

色板诱杀

(三) 主要病虫为害症状及防治要点

1. 假眼小绿叶蝉

若虫(石春华　供图)　　成虫(石春华　供图)

为害特征　为害新梢,以成虫和若虫吸取茶树汁液,使芽叶失水、生长迟缓、焦边、焦叶,年发生9～13代,是茶叶生产,特别是夏、秋茶生产的一个重大威胁。

为害状

防治指标　第一峰峰前百叶虫量超过6头或每平方米虫量超过15头;第二峰峰前百叶虫量超过12头或每平方米虫量超过27头。

防治适期　掌握在入峰后(高峰前期),且若虫占总量的80%以上。

防治药剂 苦参碱水剂(鱼藤酮、杀螟丹)、噻虫嗪·高效氯氟氰菊酯、茚虫威乳油、溴虫腈悬浮液等。

2. 黑刺粉虱

为害特征 以幼虫刺吸叶片汁液,分泌物诱致茶煤病,导致育芽能力差,发芽迟,芽叶瘦弱,严重影响产量和品质。严重时引起大量落叶,使树势衰退。

若虫

防治指标 小叶种2~3头/叶。

防治适期 化学防治应掌握在卵孵化盛期和末期。

防治药剂 矿物油、溴氰菊酯、联苯菊酯等。

蛹

受害叶片

3. 茶橙瘿螨

为害特征 以刺吸式口器吸取茶树叶片中的汁液,使叶片失去光泽,螨量多时出现嫩叶主脉变红,严重时叶背出现锈斑,芽叶萎缩、僵化,或是老叶、成叶变成暗红色或古铜色,引起茶树大量落叶。

成螨　为害状　螨卵

防治指标 中小叶种的茶叶每叶平均虫量17头。

防治适期 发生高峰期以前,一般为5月中旬至6月上旬,8月下旬至9月上旬。

防治药剂 矿物油、溴虫腈、炔螨特、石硫合剂(封园)等。

为害状

4. 茶蚜

茶蚜（石春华　供图）

为害特征　为害茶树使新梢萎缩卷曲，伸展停滞，甚至枯竭。此外，由于新梢上聚集有大量黑褐色茶蚜，排泄的蜜露污染茶梢，使成茶品质下降，并会诱致茶煤病发生。

防治指标　以有蚜芽梢率4%～5%，芽下二叶有蚜叶上平均虫口20头。

防治适期　发生高峰期，一般为5月上、中旬和9月下旬至10月中旬。

防治药剂　辛硫磷、溴氰菊酯等。

为害叶片

5. 茶尺蠖

成虫
幼虫
卵　　为害状

为害特征 幼虫取食嫩芽叶,待嫩芽叶食尽后则取食老叶。1龄幼虫取食嫩叶叶肉,留下表皮,被害叶呈现褐色点状凹斑;2龄幼虫能穿孔,或自叶缘咬食,形成缺刻(花边叶);3龄起则能全叶取食。大发生时可将成片茶园食成光秃,严重影响茶叶产量和品质。

幼虫

成虫

防治指标 成龄投产茶园,每平方米幼虫7头以上。

防治适期 喷施化学药剂应掌握在3龄前幼虫期。

受害茶园

防治药剂 茶尺蠖病毒制剂、鱼藤酮、苦参碱、联苯菊酯、氯氰菊酯、溴氰菊酯等。

6. 茶毛虫

为害特征 幼虫取食茶树成、老叶及部分嫩叶。1、2龄幼虫一般群集在成叶叶背,取食下表皮及叶肉,被害叶呈现半透明网膜斑;3龄幼虫常从叶缘开始取食,造成缺刻;4龄幼虫取食后仅留主脉及叶柄;4龄后则残食全叶。严重时茶丛被害光秃。

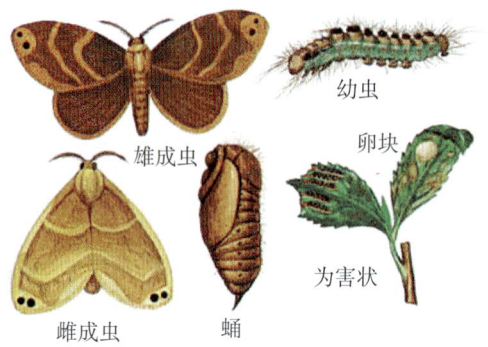

雄成虫　幼虫　卵块　雌成虫　蛹　为害状

此外,幼虫虫体上的毒毛及蜕皮壳与人体皮肤接触后,会引起皮肤红肿、奇痒,影响正常的采茶及田间管理工作。

防治指标 百叶虫卵块5个以上。

防治适期 3龄前幼虫期。

防治药剂 茶毛虫病毒制剂、Bt制剂、溴氰菊酯、氯氰菊酯、敌敌畏等。

为害状

7. 茶炭疽病

染病茶树

染病叶片

为害特征 从叶缘或叶尖产生水渍状暗绿色病斑,以后沿叶脉扩大呈黄褐色或褐色的不规则形病斑,后期病斑变为灰白色。病斑正面密生许多黑色、细小突起粒点,即病菌的分生孢子盘。病斑上无轮纹。发病重的茶园可引起大量落叶。

防治指标 茶树嫩叶初见病斑。

防治适期 5月下旬至6月上旬,8月下旬至9月上旬。在新梢(芽)叶期喷雾防治。

防治药剂 代森锌、苯醚甲环唑、吡唑醚菌酯等。

8. 茶饼病

染病叶片（石春华　供图）

为害特征　主要为害茶树幼嫩多汁的芽叶和嫩茎部，花蕾及幼果偶尔发生。发病最初症状是在嫩叶上出现浅绿色、浅黄色或略带红色的圆形或椭圆形透明斑，一般直径0.6~1.2厘米。以后叶片表面的病斑逐渐凹陷，叶片背面突出，形状像饼状，病斑正面较平滑并略有光泽，色泽较周围叶色浅，叶背突起部分初为灰色，上覆一层白色粉末。用病芽叶制茶，成茶味苦易碎，对茶叶产量和品质影响较大。

防治指标　芽梢发病率大于35%时需进行防治。
防治适期　发病初期。
防治药剂　百菌清、代森锌等。

七、茶叶加工技术

茶叶产品种类繁多,加工工艺各具特色,技术标准各不相同。本手册主要介绍扁形茶、针形茶、卷曲形茶、白叶类茶、香茶和工夫红茶等有代表性的名优茶加工技术。

(一) 扁形茶加工

扁形茶加工一般用长板式单锅龙井茶炒制机,辉锅可采用手工辉锅或滚筒辉干机。工序一般为:鲜叶摊放→青锅→摊凉回潮→二青→摊凉回潮→辉锅→整理。

1. 鲜叶摊放

应在软匾或篾垫等摊放器具上进行,要求不同品种和等级、晴天叶与雨水叶、上午采与下午采的芽叶分开摊放。摊放场所要求清洁卫生、阴凉、空气流通、不受阳光直射。以室内自然摊放为主,也可适当采用鼓风式摊青柜、空调摊青房等专用摊青设备进行摊放,根据鲜叶数量和加工能力来调节摊青进程。以自然摊放为例,视天气、鲜叶老嫩等情况,摊叶厚度控制在2厘米左右,摊放时间6~12小时,掌握"嫩叶长摊,中档叶短摊,低档叶少摊"的原则。中档叶轻翻1~2次,促使鲜叶水分散发均匀和摊放程度一致,高档叶尽量少翻,以免机械损伤。以叶面开始萎缩,叶质由硬变软,叶色由鲜绿转暗绿,清香显露,含水率降至70%左右为适度。

鲜叶摊放

2. 青锅

使用长板式单锅龙井茶炒制机,开启机械,将炒板转至上方,打开加热开关,设定温度在220~240℃(机械温度计显示温度),当实际锅温升至设定温度时,开启炒板转动按钮,炒板转动。均匀投入摊青叶,每锅150克左右,可听到茶叶在锅中的"噼啪"声,前期以翻炒为主;当芽叶开始萎瘪、变软,色泽变暗时,开始逐步加压,根据茶叶干燥程度,每隔半分钟加重一次,加压程度主要看炒板,以能带起茶叶又不致使茶叶结块为宜,不得一次性加重压。锅温应先高后低并视茶叶干燥度及时调整,温度一般分三个阶段:第一阶段锅温从摊青叶入锅到茶叶萎软,一般在1~1.5分钟;第二阶段是茶叶成形初级阶段,温度比第一阶段低20~30℃,时间一般在1.5~2分钟,到茶叶基本成条、相互不粘手止;第三阶段温度一般在200℃左右,此时是做扁的重要时段,一般恒温炒。待茶叶炒至初具扁平、挺直、软润、色绿一致,含水率达35%左右,推开前面出料门自动出锅。青锅全程时间为4~6分钟。

青锅

3. 摊凉回潮

杀青整形叶出锅后应及时摊凉,尽快降温和散发水汽。摊凉后,适当并堆,必要时可覆盖清洁棉布,使芽、茎、叶各部位的水分重新分布均匀回软,时间以30~60分钟为宜。并用不同孔径的茶筛将回潮后的青锅叶分成2~3档,簸去片末,高档叶可以不分筛。

摊凉回潮

4. 二青

使用长板式单锅龙井茶炒制机,开启机械,将炒板转至上方,打开加热开关,设定温度150~180℃为宜,当实际锅温升至设定温度时,开启炒板转动按钮,炒板转动。均匀投入青锅回潮叶,每锅150克左右,炒板翻炒茶叶;当芽叶受热变软,开始逐步加压,根据茶叶干燥程度,一般每隔半分钟加重一次,加压程度主要看炒板,以能带起茶叶又不致使茶叶结块为宜,不得一次性加重压。锅温应先高后低并视茶叶干燥度及时调整,温度一般分两个段:第一阶段锅温从青锅回潮叶入锅到茶叶柔软,一般在1~1.5分钟;第二阶段是茶叶固形阶段,温度比第一阶段低10~15℃,时间一般在2.5~3.5分钟,到茶叶成形。第二阶段是"扁平、挺直"固形的重要时段,恒温炒,动作以"压、磨"为主。待茶叶炒至扁平挺直成形,含水率达15%~20%,推开前面出料门自动出锅。二青全程时间为3~5分钟。

二青

5. 摊凉回潮

同前"摊凉回潮"工序。

摊凉回潮

6. 辉锅

可采用手工辉锅或机械辉锅。

（1）手工辉锅。辉锅时锅温一般分成90℃—65℃—75℃三段，炒制过程基本保持平稳，在干茶出锅前略提高锅温感到烫手即可，能起到提香透色作用。先用油槲润滑锅面，放入二青回潮叶，一般每锅200～250克。用力程度应与锅温有机配合，掌握"轻—重—轻"的原则。开始时轻抓、轻抖、稍搭，把茶叶匀齐地掌握在手中，以理条和散发水汽，炒3～5分钟；然后逐渐转入"手不离茶、茶不离锅"阶段，用搭、抓、捺、扣等手法，把茶叶齐直地攒在手中，然后逐步以抓、扣、挺的手法代替搭、抓的手法。用抓、挺、捺、扣手法相互交替、密切配合，使茶叶在手中"里外交换、吞吐均匀"，炒5～6分钟。当茶叶茸毛显露时，可略提高锅温，用力减轻，改用抓、挺、磨等手法，使茶叶光、扁、平、直,当茶毛起球脱落,此时一定要"守住"茶叶,尽量不让茶叶"逃"出手外,当茶毛脱净,茶叶一折就断,可起锅,炒约5分钟。手工辉锅全程时间为20分钟左右。干茶含水率6.5%以下。

手工辉锅

(2)机械辉锅。使用筒径60厘米滚筒型名优茶辉干机,将筒体清理干净,打开加热开关,设定温度100~120℃,启动筒体转动开关,加热到设定的温度,投入整形回潮叶3~5千克,以茶叶稍低于筒口挡叶板、滚动时茶叶不掉出为宜。启动筒体转动开关,转速每分钟35~40转,炒制4~5分钟,至叶受热回软,打开热风开关排除热气。定期检查筒体内在制茶叶的干燥度与形状,以茶叶不出现碎末为宜。表面光滑且达到干燥度要求时,将温度调至130℃左右,以提高茶叶香气,2~3分钟后感觉茶叶烫手即可停机出茶。机械辉锅全程时间为30分钟左右。干茶含水率6.5%以下。

机械辉锅

7. 整理

出锅的茶叶,在散热后立即用相应的号筛进行筛分,并结合簸、拣等手段割去碎末,簸去黄片,拣梗剔杂,分级归堆。

整理

(二) 针形茶加工

针形茶加工工艺 鲜叶摊放→杀青→摊凉→烘二青→理条→复理→辉干→整理。

1. 鲜叶摊放

鲜叶应摊放在软匾、篾篓或鲜叶专用摊放机上,厚度视天气和老嫩程度而定,一般为2厘米左右,使鲜叶失水均匀。摊放地点要求阴凉,不受阳光直射,清洁卫生,空气流通,无异味。不同等级、不同品种的鲜叶要分别摊放,晴天叶、雨水叶和上午采的与下午采的鲜叶应分别摊放,分别炒制。摊放时间为6~12小时,摊放结束时的含水率掌握在70%左右。

鲜叶摊放

2. 杀青

采用70型或80型滚筒杀青机杀青。杀青开始时先向杀青机滚筒供热,同时启动电机,使筒体转动,经过10～15分钟预热后，筒壁温度上升至220～250℃，出叶口空气温度达90℃以上时，开始投叶杀青。开始时要多投些鲜叶，以免产生焦叶、爆点，并及时检查杀青程度，调整投叶量至符合要求时才均匀投叶，保证杀青叶质量稳定。从进叶到出叶时间掌握在45～60秒之间，以调节滚筒的倾斜度来控制杀青时间。以叶色由鲜绿色转为暗绿色，手感柔软，无红梗红叶，无焦边、爆点，青气消失，发出茶香，杀青叶失重率40%左右为杀青适度。

杀青

3. 摊凉

用竹匾或其他工具薄摊15～20分钟，水分散发，提高清香，便于做形。

4. 烘二青

用烘干机打毛火。温度控制在100～110℃，烘6～8分钟，茶胚失重率达50%左右，烘至手握茶叶成团，松手茶叶自然散开，有弹性，不粘手，有刺手感时起烘摊凉。

5. 理条

当理条机锅体温度达到80～90℃时,将烘二青叶均匀投入每一槽锅中,每槽投叶量100克左右,初期用快速挡,后期用慢速挡炒制。6～8分钟后,在制叶含水率降至20%,条索平直,香气外溢时停机,使茶叶迅速排出锅外,摊于竹匾中。

理条

6. 复理

采用多功能理条机,当理条机锅体温度达到80℃左右时,将理条叶均匀投入每一槽锅中,每槽投叶量120克左右,初期用中速挡,后期用慢速挡炒制。10～15分钟后,在制叶含水率降至10%以下,条索挺直,芽锋显露,香气横溢时停机,使茶叶迅速排出锅外,摊于竹匾中。

复理

7. 辉干

辉干在电炒锅中进行,锅温掌握在70~80℃,投叶量200克左右。手势要轻轻抓扣,以保持芽芯笔直,绿翠,辉至手捏成粉末、含水量5.5%以下时起锅摊凉。

辉干

8. 整理

出锅的茶叶散热后用号筛进行筛分,筛去碎末,拣梗剔杂,分级归堆。

针形茶全程自动化生产线工艺流程 摊放→杀青→脱水(烘二青)→摊凉→理条→摊凉→理条→摊凉→烘三青→理条→摊凉→辉干(人工)→整理。

自动化生产线

(三) 卷曲形茶加工

卷曲形茶加工工艺 鲜叶摊放→杀青→摊凉→揉捻→初烘→做形→复烘→整理。

1. 鲜叶摊放

鲜叶进厂要及时均匀地薄摊在篾垫上,置于阴凉通风处。摊放以室内摊放为主,摊放厚度随鲜叶的级别而定,特级鲜叶以芽叶之间互不重叠为度,一级以下厚度可适当增加。摊放时间一般为6～12小时。摊放过程要适当轻翻,以利于均匀散发水分。摊放程度以含水率降至70%,显清香,叶子变软时为适度。

鲜叶摊放

2. 杀青

杀青宜选用70型或80型滚筒杀青机,转速20～25转/分,出叶口处筒腔内气温90℃,投叶量15～20千克/时,杀青时间从进叶到出叶调节在1分钟左右。滚筒杀青机出叶口应配装排气扇。

杀青以叶质变软,叶色转暗,略卷成条,折梗不断,清香显露,杀匀杀透为适度。

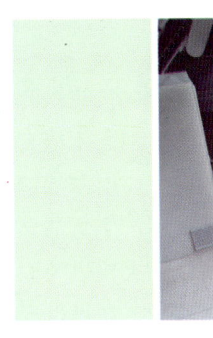
杀青

3. 摊凉回潮

杀青叶及时摊凉,充分摊凉后水分重新分布,使杀青叶呈绵软状态,手捏茶叶柔软。

4. 揉捻

杀青叶应先经摊凉后再揉捻。投叶量以揉桶九成满为度,揉捻加压以轻压为原则,揉捻时间一般为20~25分钟。揉捻质量以既揉紧条索又保持芽叶完整为原则,揉捻工序结束,揉捻叶要及时解块和转入下一道烘干工序。

揉捻

5. 初烘

初烘可用炭火烘焙,也可用烘干机烘焙,初烘叶以八成干为度。炭火烘焙以优质木炭为燃料,不能有木炭味,烘焙宜采用竹编烘笼,笼上要垫一层白棉纱布,但新编烘笼应经陈化处理,处理至不产生竹油异味为准。初烘摊叶厚度1厘米左右,以旺火快烘为原则,笼顶温度掌握在70~90℃,先高后低。初烘过程要勤翻,2~3分钟翻动一次,翻时动作要轻,先手提纱布四角收拢茶叶,然后再轻轻摊开。

炭火烘焙

烘干机烘焙宜采用鼓热风的单层式烘床名茶烘干机或多层链式烘干机,烘干机初烘风温掌握在70~80℃,摊叶厚度2~3厘米。

单层烘干机

多层链式烘干机

6. 做形

初烘叶经摊凉后用曲毫机进行做形,温度先高后低,投叶温度90~120℃,每次投入初烘叶10~12千克,经45~80分钟炒制后出锅、筛分,再进行并锅造型。造型叶达到外形卷曲的要求,有明显触手感即可。

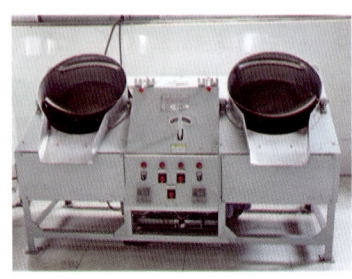

曲毫机

7. 复烘

复烘也使用炭火或烘干机烘焙。炭火复烘以8~10笼初烘茶拼一笼,以文火慢烘,发展茶香为原则,笼顶温度60℃左右。烘干机复烘风温掌握在50~60℃,摊叶厚度为8~10厘米。复烘应足干至含水量达5.5%以下。

8. 整理

经足干后的茶叶要及时拣去黄片等不合格物,及时收藏。

成品茶

(四) 白叶类茶加工

白叶类茶加工工艺 鲜叶摊青→杀青理条→摊凉→初烘→再摊凉→复烘→整理入库。

1. 摊青

鲜叶采回后,及时进厂摊放,摊放时间3~6小时,摊青叶互不重叠,每平方米面积上摊放鲜叶1000克左右。在摊放过程中要适时翻一次,使芽叶失水均匀一致。摊青程度:叶质柔软,手捏成团,茶梗弯曲不断,茶叶清香显露,失水率在30%左右即可付制。

摊青

2. 杀青理条

采用名茶多功能机杀青,投叶量一般控制在每槽80~100克,下锅时锅槽温度为250~300℃,1分钟内叶温迅速上升到70℃以上。手法分三个阶段:第一阶段以抖为主,时间3~4分钟,到茶叶萎瘪不粘手;

第二阶段适当降低锅温,以捞为主,时间约3分钟;第三阶段以搓为主,加快多功能机往返速度做形,锅温控制在90～120℃,时间5～8分钟。在杀青过程中,边杀青边理条,使茶成形,至茶条身骨挺直,互不黏结,色泽黄绿一致,七成至七成半干时起锅。

杀青

3. 摊凉

将杀青叶薄摊在竹匾中,摊叶厚度1～2厘米,静置15～20分钟,待茶叶回软、水分分布均匀即进行初烘。

摊凉

4. 初烘

采用五斗名茶烘干机烘焙,温度控制在100～120℃,摊叶厚度1厘米,历时10～15分钟,间隔翻叶数次,到失水率为90%时起烘。

初烘

5. 再摊凉

将初烘叶摊在竹匾中,摊叶厚度3～5厘米,静置20～25分钟,待初烘叶水分分布均匀即进行复烘。

初烘后摊凉

6. 复烘

初烘叶经摊凉后进行复烘,复烘温度掌握在80～90℃,历时20～25分钟,间隔翻叶3～4次,手搓茶叶干成碎末、含水量在5%左右时下烘。

复烘

7. 整理入库

将复烘叶置于分选机去除黄片、单叶、茶末,待茶叶冷却后装箱入库。

成品茶

(五) 香茶加工

香茶加工工艺 鲜叶摊放→杀青→摊凉回潮→揉捻→解块→二青→提香→整理成品。

1. 鲜叶摊放

鲜叶进厂后应立即摊放,摊放应使用篾簟或专用工具、设施,不同等级、不同品种以及上午、下午采的鲜叶均分开摊放,分别付制。摊青场地应清洁卫生、空气流通、无异味。摊放时间为6~8小时,摊叶厚度一般为8~12厘米,摊放期间翻动1~2次。当鲜叶摊放至含水量为70%左右时即为摊放适度。

鲜叶摊放

2. 杀青

用滚筒杀青机或汽热杀青机等杀青机械连续杀青,滚筒杀青机筒体温度达到280~320℃时投叶,掌握杀青叶下锅能听到轻微的爆破声。70型滚筒杀青机每小时投叶60~80千克为宜,80型滚筒杀青机每小时投叶80~100千克为宜。

杀青要求杀透杀匀,无焦边、无红梗,青草气散失,叶色翠绿,杀青叶失重15%

杀青

左右,至手捏有轻微的触手感,茶香显露。杀青过程中使用风扇和鼓风机辅助排湿,吹走单片和焦叶。

3. 摊凉回潮

杀青叶及时摊凉,充分摊凉后渥堆回潮,回潮时间掌握在40～60分钟,使茶梗与叶片中的水分重新分布,杀青叶呈绵软状态,手捏茶叶柔软。

摊凉

回潮

4. 揉捻

可选用6CR-45或6CR-55型揉捻机。揉捻时间根据鲜叶品种、季节和香茶风格控制在60～150分钟,以揉捻至成条率达到95%以上为适度。揉捻过程要求轻

揉捻

压长揉,压力掌握"先轻后重、逐步加压、轻重交替、最后松压"的原则,其间加压1~2次,出叶前不加压空揉3~5分钟,以起到解块的作用。

5. 解块

揉捻出叶后需及时解块。使用解块机对揉捻叶进行解块(春茶期间加工香茶一般不需要解块)。

解块

6. 二青

使用滚筒杀青机连续炒二青,根据不同的杀青机型号确定温度和投叶量,一般要求在投叶端温度

二青

达到80℃、叶温60℃左右。整个炒二青过程要求"高温、快速、少量、排湿",以保持叶色翠绿,一般连续滚炒5~6次,至含水量25%~30%为适度,时间控制在以30~40千克揉捻叶连续滚炒40分钟左右为适度。在炒二青过程中,应使用风扇和鼓风机辅助排湿,出叶后要及时摊凉,防止堆积渥黄。

7. 复炒提香

为减少断碎,在香茶加工过程中,将复炒和滚香两道工序连起来进行不间断加工。一般使用滚筒杀青机或瓶式炒干机加工,开始复炒时叶温60℃左右,随着在制茶叶逐渐变干燥,叶温相应提高至75~80℃,投叶量也相应增加,复炒至含水量12%左右时转入滚香工序。时间10~15分钟,至含水量5%~6%时出叶,出叶后要迅速摊开,散热,保持绿色。

复炒提香

8. 整理

茶叶出锅摊凉后通过筛分、拣剔等手段,去除茶片,拣梗剔杂,分级归堆。该工序一般在茶叶色选机上进行。

色选整理

(六) 工夫红茶加工

工夫红茶加工工艺 萎凋→揉捻→发酵→烘干→整理。

1. 萎凋

主要方法有萎凋槽萎凋和日光萎凋。萎凋槽的使用是红茶初制技术的重要革新,具有萎凋质量好、生产效率高、结构简单、燃料省的优点,而且解决了低温阴雨天萎凋困难的问题。使用萎凋槽萎凋,每条槽摊鲜叶250千克左右,厚度约为20厘米,萎凋全程时间4~6小时。

萎凋槽萎凋

日光萎凋设备简单、成本低、萎凋速度快,将鲜叶薄摊在竹匾上,晴天放在太阳光下进行,萎凋时间3~5小时。

日光萎凋

当萎凋到叶形萎缩,叶质柔软,茎脉失水而萎软,曲折不易脆断,手捏叶片有柔软感,无摩擦响声,紧握叶子成团,手松时叶子松散缓慢,叶色转为暗绿,表面光泽消失,鲜叶的青草气减退,并透出萎凋叶特有的清香时为萎凋适度。

2. 揉捻

使用揉捻机的主要型号是45型和55型。揉捻时间为60～80分钟,分两次进行,每桶投入量以装满为止,揉捻加压掌握"轻—重—轻"的原则,揉捻结束,即行解块。揉捻适度的叶子,成条率达80%～90%,条索紧结,叶组织破伤程度达78%～85%。

揉捻

3. 发酵

在特设的发酵室进行,温度为25～28℃,相对湿度90%以上;将揉捻叶放在发酵筐内,覆盖纱布,厚度为15厘米左右,发酵时间为2～3小时;发酵室应通风良好,供氧充足,以促进发酵。发酵时间视叶子老嫩、整碎及气温高低而定。发酵后的叶色呈铜红色,青草气消失,并有浓烈的成熟苹果香。

发酵

4. 烘干

烘干分两次进行,中间摊凉。第一次干燥(毛火)热空气温度为120℃,第二次干燥(足火)为100~110℃。毛火后的叶子含水率为18%~25%,足火后为4%~7%。茶叶充分干燥后,条索紧结,色泽乌润,茶香浓烈,手捻之能成粉末。无论采用一次或二次干燥,都应在发酵达到要求时及时干燥。

烘干

5. 整理

干燥后应摊凉散热,在叶温接近室温时,筛去茶末,分级包装。

成品茶

附录

(一) 茶园主要病虫防治月历

月份	旬	主要防治对象
4月	上	茶黑毒蛾、茶芽枯病
	中	茶尺蠖、茶黑毒蛾、茶蚜
	下	茶尺蠖、茶蚜、黑刺粉虱
5月	上	茶橙瘿螨、黑刺粉虱、茶蚜
	中	茶橙瘿螨、黑刺粉虱、茶尺蠖、茶炭疽病
	下	茶橙瘿螨、茶炭疽病、假眼小绿叶蝉、茶尺蠖
6月	上	茶尺蠖、假眼小绿叶蝉、茶丽纹象甲、茶橙瘿螨、茶黑毒蛾
	中	假眼小绿叶蝉、茶黑毒蛾
	下	假眼小绿叶蝉、茶尺蠖、茶炭疽病
7月	上	茶毛虫、茶尺蠖、假眼小绿叶蝉
	下	黑刺粉虱、茶黑毒蛾
8月	上	茶尺蠖、茶毛虫
	中	假眼小绿叶蝉、茶尺蠖
	下	茶橙瘿螨、假眼小绿叶蝉
9月	上	茶橙瘿螨、假眼小绿叶蝉、茶尺蠖
	中	茶橙瘿螨、假眼小绿叶蝉、茶毛虫
	下	茶刺蛾、茶橙瘿螨、假眼小绿叶蝉
10月		假眼小绿叶蝉、茶橙瘿螨

(二) 茶园建议使用农药及安全间隔期

建议使用农药及安全间隔期

农药名称	防治对象	制剂、用药量（以标签为准）	安全间隔期/天
茶毛核·苏云菌	茶毛虫	茶毛核1万PIB/微升和苏云金2000IU/微升悬浮剂50～100毫升/亩	3
苏云金杆菌	茶毛虫	8000IU/微升悬浮剂400～800倍液	3
联苯菊酯	茶毛虫、假眼小绿叶蝉、黑刺粉虱等	10%乳油2000～4000倍液	7
联苯·甲维盐	茶毛虫、茶尺蠖	5.3%微乳剂2000～4000倍液	7
苦参碱	茶毛虫、茶尺蠖	0.5%水剂50～70毫升/亩	7
溴氰菊酯	蚜虫、茶尺蠖、黑刺粉虱等	25克/升乳油10～20毫升/亩	5
氯氰菊酯	茶尺蠖、假眼小绿叶蝉等	10%乳油2000～4000倍液	7
高效氯氟氰菊酯	假眼小绿叶蝉	25克/升乳油20～30毫升/亩	5
矿物油	茶橙瘿螨等螨类	99%乳油300～500毫升/亩	3
苯醚甲环唑	茶炭疽病	10%水分散粒剂1000～1500倍液	14

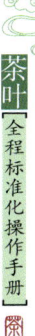

续表

建议使用农药及安全间隔期			
农药名称	防治对象	制剂、用药量（以标签为准）	安全间隔期/天
代森锌	茶炭疽病、茶芽枯病	80%可湿性粉剂50～75克/亩	14
杀螟丹	象甲、假眼小叶绿蝉	98%可湿性粉剂60～80克/亩	7
吡唑醚菌酯	茶炭疽病等	25%乳油25～50毫升/亩	21
虫螨腈	假眼小叶绿蝉、茶尺蠖	240克/升悬浮剂25～30毫升/亩	10
茚虫威	假眼小叶绿蝉、茶尺蠖	150克/升乳油12～18毫升/亩	14
百菌清	茶炭疽病、茶饼病等	75%可湿性粉剂50～75克/亩	10
炔螨特	茶橙瘿螨	73%乳油40～50毫升/亩	10
噻虫嗪·高效氯氟氰菊酯	假眼小绿叶蝉	22%微囊悬浮剂8～10毫升/亩	14
石硫合剂	茶橙瘿螨等螨类	45%结晶粉150～200倍液	采摘期不可使用

(三) 茶园禁止使用的农药

茶园禁止使用的农药包括：六六六,滴滴涕,毒杀芬,二溴氯丙烷,杀虫脒,二溴乙烷,除草醚,艾氏剂,狄氏剂,汞制剂,砷、铅类,敌枯双,氟乙酰胺,甘氟,毒鼠强,氟乙酸钠,毒鼠硅,甲胺磷,甲基对硫磷,对硫磷,久效磷,磷胺,甲拌磷,甲基异柳磷,特丁硫磷,甲基硫环磷,治螟磷,内吸磷,克百威,涕灭威,灭线磷,硫环磷,蝇毒磷,地虫硫磷,氯唑磷,苯线磷,三氯杀螨醇,氰戊菊酯,硫丹,灭多威等,以及国家规定禁止使用的其他农药。

主要参考文献

[1] 俞燎远,毛祖法. 茶叶生产知识读本[M]. 杭州:浙江科学技术出版社,2012.

[2] 毛祖法. 茶叶标准化生产技术[M]. 杭州:浙江科学技术出版社,2008.

[3] 黄国洋. 农作物主要病虫害防治图谱[M]. 杭州:浙江科学技术出版社,2013.

[4] 毛祖法,俞燎远,陆德彪,等. 茶叶采摘、加工与贮藏技术[M]. 北京:中国农业出版社,2008.

[5] 石春华. 茶树病虫害绿色防控技术彩图详解[M]. 北京:中国农业出版社,2013.

[6] 毛祖法,梁月荣. 浙江茶叶[M]. 北京:中国农业科学技术出版社,2006.